BEI GRIN MACHT SICH IHR WISSEN BEZAHLT

AF144749

- Wir veröffentlichen Ihre Hausarbeit, Bachelor- und Masterarbeit

- Ihr eigenes eBook und Buch - weltweit in allen wichtigen Shops

- Verdienen Sie an jedem Verkauf

Jetzt bei www.GRIN.com hochladen und kostenlos publizieren

Bibliografische Information der Deutschen Nationalbibliothek:

Die Deutsche Bibliothek verzeichnet diese Publikation in der Deutschen National-
bibliografie; detaillierte bibliografische Daten sind im Internet über http://dnb.d-
nb.de/ abrufbar.

Impressum:

Copyright © 2019 GRIN Verlag
Druck und Bindung: Books on Demand GmbH, Norderstedt Germany
ISBN: 9783346060594

Dieses Buch bei GRIN:

https://www.grin.com/document/505403

Antonia Dursun

Lernen an Stationen. Lernvorgänge im Chemieunterricht

GRIN Verlag

Universität Paderborn

Fakultät für Naturwissenschaften

Department Chemie – Didaktik der Chemie

Sommersemester 2019

Lernvorgänge im Chemieunterricht
„Lernen an Stationen"

Name: Antonia Dursun

Bachelor of Education, Spanisch und Chemie (HRSGe), 3. Fachsemester

Inhaltsverzeichnis

1. Einleitung

„Kinder sind keine Fässer, die gefüllt, sondern Feuer, die entzündet werden wollen" – So erklärt der französische Schriftsteller Rabelais (1484, zitiert nach Sárvári, 2012, S. 28) bereits im 15. Jahrhundert, dass Kinder zum Entdecken und Ausprobieren angeregt werden sollen, um sich zu entfalten. Heutzutage gilt das Zitat von Rabelais für eine Vielzahl an Lehrkräften als eine Voraussetzung für einen erfolgreichen Unterricht. Das Ziel ist es, die Schülerinnen und Schüler handlungsfähiger zu machen, ihnen Zeit zu geben, um sich individuell weiterzuentwickeln und das Ausfüllen der unzähligen Arbeitsblätter zu reduzieren. Vor allem durch die offene Unterrichtsform des Stationenlernens wird im Chemieunterricht eine Begeisterung bei den Lernenden ausgelöst, die dazu führt, dass die Lust am Lernen gefördert wird. Dabei stellt die Lehrkraft eine angstfreie Lernumgebung her und bereitet ein vielfältiges Materialangebot vor. Die Schülerinnen und Schüler übernehmen hierbei die Initiative und sind für ihr eigenes Lernen verantwortlich. Auch die zunehmende Heterogenität innerhalb der Klassen stellt die Lehrkräfte vor eine neue Herausforderung. So bietet der offene Unterricht die Möglichkeit lernschwache Schüler mit einzubinden und diese individuell zu fördern. Die Lernenden können somit trotz unterschiedlicher Lernvoraussetzungen die Lerninhalte mit Hilfe des Stationenlernens selbstständig oder in Form von Gruppenarbeit erarbeiten. Eine Übersicht über die unterschiedlichen Lernvorgänge im Chemieunterricht erhielten wir im gleichnamigen Seminar, in dem die Studentinnen und Studenten zu einem selbstgewählten Thema eine Seminarstunde gestalten sollten. In diesen befassten wir uns sowohl auf der theoretischen als auch auf der praktischen Ebene mit dem jeweils ausgewählten Lernvorgang.

In dieser Seminararbeit soll daher zum einen die Frage geklärt werden, inwiefern das Lernen an Stationen für den Chemieunterricht nützlich sein kann und zum anderen die selbstgestaltete Seminarstunde mit Roman Knedeisen am 02.07.2019 reflektiert werden. Zur Klärung dieser Fragestellung wird zunächst die Definition des Themas herangezogen, um einen Überblick über die offene Unterrichtsform zu erhalten. Anschließend wird die Bedeutung dessen im Chemieunterricht verdeutlicht und ein Bezug zu den inklusiven Lerngruppen hergestellt. Im weiteren Verlauf wird ein Beispiel aus der Seminarstunde näher erläutert und diskutiert, indem die jeweiligen Stärken und Gefahren analysiert werden. Abschließend erfolgt eine Reflexion der Unterrichtseinheit, in der Bezüge zu künftigen Unterrichtsstunden hergestellt werden und inwiefern dies mein Handeln als Lehrkraft beeinflusst hat. Somit fasse ich meine Erfahrungen und Erkenntnisse, die ich in dieser Seminarstunde gewonnen habe zusammen und schließe mit einem persönlichen Ausblick die Ausarbeitung ab.

2. Definition des Themas

Das *Lernen an Stationen*, das die sinngleiche Bedeutung des Stationenlernens trägt, ist eine offene Unterrichtsform, die „aus dem Grundschulbereich stammt und inzwischen Eingang in die Realschulen und Gymnasien gefunden hat" (Salzgeber, 2003, S.1). Bei dieser Methode wird ein Unterrichtsthema in Teilgebieten unterteilt, die schließlich von den Schülerinnen und Schülern an unterschiedlichen Stationen selbstständig bearbeitet werden. Dabei werden die verschiedenen Arbeits- und Lernangebote der inhaltlichen Schwerpunkte an die „unterschiedlichen Lernvoraussetzungen der Schülerinnen und Schüler im Hinblick auf Lernerfahrungen, Wissensstände sowie individuelle Aneignungs- und Bearbeitungsmethoden" (vgl. ebd.) angepasst. Die Besonderheit dieser Arbeitsform liegt an den einzelnen Stationen, die aus didaktisch aufbereiteten Arbeitsmaterialien bestehen und von den Lernenden weitestgehend autonom bearbeitet werden. Dabei werden „die Materialien und die zu lösenden Aufgaben [...] so aufbereitet, dass die Schüler sich individuell (in Tempo, Arbeitsform, Zugang mittels verschiedener Lernkanäle etc.) mit einer Thematik beschäftigen können" (vgl. ebd.). Des Weiteren bezeichnet man diese Arbeitsform ebenfalls als *Lernzirkel*, da die Stationen in einem „sachlogischen Bezug zueinanderstehen und insgesamt die Lerninhalte eines Sachverhalts mit ihren unterschiedlichen Perspektiven abbilden" (vgl. ebd.).

Insgesamt basiert das Stationenlernen auf einen veränderten Lernbegriff, da die Schülerinnen und Schüler „nicht mehr als Adressaten vorgefertigter Lernpakete [begriffen werden], sondern als Akteure selbstverantwortlichen Lernens" (Lange, 2004, S.1). Dabei können sie selbst eine angemessen Sozialform auswählen und innerhalb eines zeitlichen und organisatorischen Rahmens nach einer individuellen Zeiteinteilung arbeiten (vgl. ebd.). Hierbei spielt zum einem die Gestaltung der Stationen und zum anderen der Ablauf eine wichtige Rolle. Bei der Gestaltung werden unterschiedlichen Materialien zu einem „variablen Lernangebot mit Wahl- und Pflichtstationen [...] zusammengestellt" (vgl. ebd.). Dies erlaubt, dass für alle Schülerinnen und Schüler ein verbindliches Lernziel aufgestellt und „gleichzeitig die individuellen Lernvoraussetzungen bedacht werden" (vgl. ebd.). Hierbei liegt der Fokus auf den unterschiedlichen Lerntypen und gleichzeitig auch auf der Differenzierung der Stationen, die sich an den Kriterien „des zielerreichend-fachlichen Lernens, des methodisch-strategischen Lernens und des sozialen-kommunikativen Lernens" (vgl. ebd.) orientiert.

Laut Lange (2004) lässt sich der Ablauf des Stationenlernens in einzelnen Phasen unterteilen. In der Anfangsphase erhält die Lerngruppe einen kurzen Überblick über das zu vermittelnde Thema und über die Stationen. Mit Hilfe der Arbeitsbeschreibungen erarbeitet die Lerngruppe ihr individuelles Vorgehen in der darauffolgenden Planungsphase. Schließlich bearbeiten die

Schülerinnen und Schüler in der Arbeitsphase die Stationen selbstständig, um letztendlich in einer Abschlussphase diese zu besprechen, damit die Lernenden eine Rückmeldung sowie Verbesserungsmöglichkeit erhalten.

3. Bedeutung für den Chemieunterricht und inklusive Lerngruppen

Der Chemieunterricht gehört zu den unbeliebtesten Fächern bei Schülerinnen und Schülern in der Sekundarstufe I, da laut Graf (2000) zu sehr inhaltlich an die Thematik herangeführt wird. So werden den Alltagsvorstellungen als auch dem Vorwissen der Schülerinnen und Schüler nur im geringen Maße Beachtung geschenkt, obwohl die „Lebenswirklichkeit der Lernenden zweifellos eine entscheidende Rolle für die Gestaltung des Chemieunterrichts [ist]" (Graf, 2000, S.6). Infolgedessen sollte den Lernenden die Möglichkeit freigeräumt werden sich „den Gegenständen, den Stoffen, Reaktionen und Phänomenen von ihren Vorerfahrungen her zu nähern, sich ein eigenes Bild zu machen, Verknüpfungen herzustellen – und dazu bedarf es [...] [den] nötigen methodischen [...] [Spielraum]" (vgl. ebd.). So bietet die offene Lehr-Lern-Form insbesondere im Chemieunterricht die persönliche Aneignung von Lerngegenständen, was dazu führt, dass das Stationenlernen die Verantwortung für das eigene Lernen nicht nur fördert, sondern auch fordert. Das bedeutet, dass die Lernenden möglichst früh Verantwortung für sich selbst übernehmen müssen, da dies eine Schlüsselqualifikation von großer Bedeutung „für das Leben, die Arbeit und die Mitgestaltung der modernen Industrie- und Wissensgesellschaft [ist]" (Graf, 2000, S.9). Des Weiteren schafft das Lernen an Stationen ebenfalls ein Gleichgewicht zwischen Individualität und Sozialität, da diese ein gemeinsames Konstrukt bildet. Dementsprechend werden für den Chemieunterricht angemessene didaktische Rahmenbedingungen geschaffen, die zum einen den Lernenden die Möglichkeit eröffnet „ihr Vorwissen aus der Lebenswirklichkeit in schulische Lehr-Lern-Prozesse [einzubringen]" (vgl. ebd.) und zum anderen „schulisch gewonnene Erkenntnisse möglichst widerspruchsfrei in die eigenen kognitiv-affektive Struktur [einzubauen]" (vgl. ebd.). Zu dem eröffnet man durch diese offene Unterrichtsform Spielräume, die dazu führen, dass die Jugendlichen „ihre Individualität entfalten, chemisches Wissen erwerben und zudem soziale sowie auch überfachliche Kompetenzen erwerben und sich darin üben können" (vgl. ebd.). Auch dem zielorientierten Wissenserwerb kommt diese Methode zugute, da dabei das „implizite Sach- und Lebenswissen gefördert [wird], ohne dass das explizite, deklarative Wissen zu kurz kommt" (vgl. ebd.). Vor allem aber veranschaulicht das Stationenlernen die Bedeutung einer soliden Wissensbasis, da zur Lösung lebensweltlicher Probleme auf ein chemisches Grundwissen nicht zu verzichten ist. Ob im Umgang mit Haushaltschemikalien, bei der Nahrungszubereitung, in der Medizin oder bei der eigenen Gesundheitsfürsorge, überall in diesen Bereichen sind chemische Grundeinsichten von großer Bedeutung. Dementsprechend soll das Stationenlernen mit seiner Vielfältigkeit einen Rückgriff auf bereits Erlebtes und Verstandenes erlauben, um sich in subjektiv bedeutsamer Weise dessen Bedeutung bewusst zu werden (vgl. Graf, 2000, S.9). So fasst Graf (2000, S.9) zusammen, für welche Zwecke das Lernen an Stationen geeignet ist:

> „Lernzirkel sind geeignet, [um] bestimmte Themen im Chemieunterricht der Sekundarstufe I in anderer als der üblichen, lehrgangsmäßig organisierten Form anzugehen: sie setzen verstärkt auf Eigenverantwortung, Selbstlern- und Konstruktionsprozesse der Lernenden, ohne dass klassische Inhaltsbereiche eines lehrgangsmäßigen Chemieunterrichts überstrapaziert bzw. vernachlässigt werden."

Das Stationenlernen birgt jedoch auch Gefahren. Einige Schülerinnen und Schüler aber besonders leistungsschwächere haben „im traditionellen Unterricht oft größere Lernerfolge, da sie hier stärkere Lenkung und Führung erleben" (Salzgeber, 2003, S. 7). So benötigen die Lernenden methodische Kompetenzen, die sie im Idealfall bereits im traditionellen Unterricht erworben haben. Auch fehlende oder lückenhafte Anleitungen können zu Überforderung und mangelhafter Mitarbeit führen (vgl. Lange, 2004, S.3). Des Weiteren sind „die Aufgaben in Inhalt und Problemstellung zu wenig aufeinander abgestimmt" (vgl. ebd.), was zur Folge hat, dass der inhaltliche Zusammenhang verloren geht und die übergeordnete Problematik in den Hintergrund tritt. Zuletzt sei der hohe zeitliche und organisatorische Aufwand als Argument zu nennen. Nichtsdestotrotz sollten die Stärken des Stationenlernens überwiegen, da dadurch bereits große Erfolg verzeichnet wurden, vor allem hinsichtlich der inklusiven Lerngruppen. Diesbezüglich kann gesagt werden, dass im Gegensatz zum Frontalunterricht das Lernen an Stationen „die Gegenstände des [...] [Chemieunterrichts] hinsichtlich der methodischen Zugänge und ihrer Schwierigkeitsgrade besser [differenzieren kann]" (Lange, 2004, S.3). Dadurch wird nicht nur die Voraussetzung für intrinsisch motiviertes Lernen erfüllt, sondern auch einen reduzierter Handlungsdruck geschaffen, der der Lehrkraft die Möglichkeit eröffnet, „sich auf individuelle Beobachtung, Diagnose und Förderung zu konzentrieren" (vgl. ebd.). Zu dem fördert das Stationenlernen den Einsatz von Medien, um so die inhaltlichen Schwerpunkte über verschiedene Kontexte zu erläutern. Vor allem durch die Freiheit ihrer Gestaltung ermöglichen sie die Einbindung der unterschiedlichen Repräsentationsebenen in den Unterricht, was dazu führt, dass „ein differenziert gestaltetes Aufgabenangebot [...] in der Lage [ist], verschiedene Lerneingangskanäle gleichzeitig zu bedienen" (vgl. ebd.). Zusammenfassend kann gesagt werden, dass das Stationenlernen zu einer methodisch-organisatorischen Öffnung des Chemieunterrichts beiträgt, weshalb heterogene Lerngruppen „inhalts- und lernzielgleich unterrichtet werden [können], ohne dass die Lernwege vereinheitlicht werden müssen" (Lange, 2004, S.3). So eröffnet sich die Möglichkeit zum „selbsterfahrenden, selbstbeurteilenden und sozial-kommunikativen Lernen" (vgl. ebd.).

4. Diskussion eines Beispiels

Der folgende Abschnitt beschäftigt sich mit der Diskussion eines Beispiels aus der Seminarstunde *Lernen an Stationen*, bei dem die Studentinnen und Studenten in Form einer Gruppenarbeit verschiedene Stationen eines Metalllernzirkels analysieren und bewerten sollten. Dieser kann zum Einstieg in das Themengebiet der Metalle verwendet werden, um die Eigenschaften und die Einteilung dieser zu verdeutlichen. Dabei besteht der Metalllernzirkel aus neun Stationen, die in fünf Pflicht- und vier Wahlstationen unterteilt werden. Zudem existiert eine Kontrollstation, an der die Lernenden ihre Ergebnisse kontrollieren können (vgl. Eckert, 2000, S. 27).

Für die Analyse wurden die Stationen *Einteilung in edle und unedle Metalle, Metallsteckbrief* und *Modell einer Legierung* verwendet. Dabei sollten die Lernenden diese nach der Kategorie des Wissenserwerb, der Motivation, der Inklusionsmöglichkeit, der Komplexität und der Sozialform bewerten. Dabei hebt sich vor allem die Station *Einteilung in edle und unedle Metalle* von den anderen beiden ab, da sie bezüglich der vorher in der Präsentation besprochenen Kriterien nicht nur passend zum Thema, sondern auch für inklusive Lerngruppen umsetzbar ist. Die Aufgabe besteht darin, das Verhalten der Metalle gegenüber einer verdünnten Salzsäure zu beobachten und zu notieren. Dabei handelt es sich um ein Schülerexperiment, bei dem die Schülerinnen und Schüler die verdünnte Salzsäure in vier Reagenzgläser geben und jeweils mit dem Spatel die entsprechenden Metallspäne einfügen. Infolgedessen sollen die Lernenden ihre Beobachtungen notieren und den Merkkasten vervollständigen.

Die Studentinnen und Studenten kamen zum Ergebnis, dass der Wissenserwerb zum Themenbereich der Metalle vorhanden ist, jedoch vieles vorgegeben wird. Dies hat zur Folge, dass die Schülerinnen und Schüler ihre Hypothesen nicht testen können und somit die Bemühung um Kongruenz experimenteller Praktiken mit theoretischen Annahmen reduziert wird (vgl. Höttecke, 2015, S. 134). Nichtsdestotrotz wird auf der kognitiven Ebene eine deutliche Leistungssteigerung festgestellt, da durch den praktischen Umgang mit den Geräten und Chemikalien zum einen das theoretische Wissen über die materielle Welt und zum anderen die Inhalte und Methoden der Chemie vertieft werden (vgl. M7, Rollenkarten, Schülerexperimente, S. 2).

Bezüglich der Kategorie der Motivation ist zu sagen, dass lernpsychologische und affektive Ergebnisse festzustellen sind, da von einer Motivationssteigerung ausgegangen wird. Die Schülerversuche erzeugen aufgrund der Eigenaktivität eine positive Schülereinstellung zum Fach (vgl. M7, Rollenkarten, Schülerexperimente, S. 3). Zudem empfinden die Schülerinnen und Schüler diejenigen Stationen am besten, die es ihnen erlauben selbstständig Versuche durchzuführen und diejenigen am wenigsten, die sich mit theoretischen Sachverhalten auseinandersetzen (vgl. Eckert, 2000, S.27).

Des Weiteren ist diese Station besonders für inklusive Lerngruppen geeignet, da es sich hierbei um eine Gruppenarbeit handelt. Dadurch werden nicht nur die kommunikativen Fähigkeiten gefördert, sondern auch die sozialen Kompetenzen, denn „sowohl beim Aufbau als auch bei der Durchführung und Auswertung der Experimente können sich die Mitglieder einer Arbeitsgruppe gegenseitig unterstützen" (M7, Rollenkarten, Schülerexperimente, S. 5). Dabei geht es vor allem darum Rücksicht zu nehmen und als Team zu arbeiten. Zudem fügten die Studentinnen und Studenten hinzu, dass Hilfskräfte beim Experimentieren zur Verfügung gestellt werden können, damit Schülerinnen und Schüler mit körperlicher oder geistiger Beeinträchtigung zusätzliche Unterstützung in Anspruch nehmen können. Des Weiteren kann eine Lehrkraft aufgrund ihrer Beobachtungen die Aufmerksamkeit auf die einzelnen Lernenden mit Lernschwächen und -defiziten lenken. Vor allem durch die Nutzung der unterschiedlichen Eingangskanäle kann die Lehrerin oder der Lehrer die Möglichkeit nutzen den Schüler oder die Schülerin individuell zu fördern (vgl. Salzgeber, 2003, S. 6).

Bezüglich der Komplexität des Versuchs ist zu sagen, dass diese eher gering ist, jedoch die psychomotorischen Lernziele erfüllt werden. Dadurch gelingt es der Lehrkraft manuell-technisches Geschick an seine Schülerinnen und Schüler zu vermitteln (vgl. ebd.). Somit erlernen sie Kompetenzen wie Zielstrebigkeit und diszipliniertes Arbeiten, was gleichzeitig die Selbstständigkeit der Lernenden sowohl auf der praktischen als auch auf der geistigen Ebene fördert.

Vor allem die Sozialform der Gruppenarbeit oder der Zweier- und Vierergruppen eröffnet nicht nur Inklusionsmöglichkeiten, sondern auch pädagogische Lernziele, da durch die Kooperation innerhalb einer Gruppe die Schülerexperimente eine soziale und kommunikative Bedeutung erhalten (vgl. ebd.).

Gegenwärtig erhalten jedoch die Schülerexperimente einen geringen Stellenwert, da die Lehrkräfte meistens das umfangreiche Stoffpensum als auch den Zeitfaktor als Begründung wählen diese nicht durchzuführen. Diesbezüglich ist zu sagen, dass die Vorbereitung sehr viel größer ist als die eines „normalen" Unterrichts, jedoch lohnt sich der Aufwand laut Eckert

(2000) enorm. Er verzeichnet Erfolge schon während der Durchführung des Lernzirkels und betont das engagierte und konzentrierte Arbeiten der Schülerinnen und Schüler. Zu dem könne man sich intensiver mit schwächeren Schülern auseinandersetzen, weshalb er Lehrkräfte auffordert die Lernzirkelarbeit anzuwenden (vgl. Eckert, 2000, S.28).

5. Bedeutung für den eigenen Unterricht

Der folgende Abschnitt beschäftigt sich mit der Reflexion der Seminarstunde bestehend aus einem Stundenverlauf (siehe Anhang), den Seminarzielen und den daraus erworbenen Schlussfolgerungen für weitere zukünftige Seminarstunden sowie für mich als Lehrperson. Das Hauptlernziel der Sitzung war es, den Studentinnen und Studenten die verschiedenen methodischen Ansätze bezüglich des Stationenlernens näher zu bringen. Des Weiteren sollten sie animiert werden diese Methoden in ihrem zukünftigen Chemieunterricht anzuwenden, da die Einbindung des Stationenlernens in den eigenen Unterricht von großer Bedeutung ist. Dadurch werden vor allem lernspezifische Voraussetzungen wie Alltagsvorstellungen und favorisierte Lernformen in das eigene Unterrichtsvorhaben miteinbezogen. Dementsprechend erreicht die Lehrkraft eine Öffnung des Chemieunterrichts, was dazu führt, dass nicht nur auf eine kognitive, sondern auch auf eine affektiv-emotionale Ebene zurückgegriffen werden kann, um letztendlich die Motivation und das Interesse der Lernenden zu steigern (vgl. Graf, 2000, S. 6). Des Weiteren sollen die Studentinnen und Studenten die zentrale Funktion eines Schüler- und Lehrerdemonstrationsexperiments erfassen und ebenfalls verstehen, inwiefern das Stationenlernen mit der Motivation und dem Interesse der Schülerinnen und Schüler zusammenhängt. Das neu erworbene Wissen wird schließlich in Form einer Diskussion über mögliche Vor- und Nachteile angewendet, weshalb das Verständnis der Studentinnen und Studenten geprüft werden kann. Zudem wurden unterschiedliche Lernstationen eines Metalllernzirkels analysiert, um ihre Kenntnisse bezüglich der Form und der Funktion einer Station zu erweitern. Diese werden schließlich bei einem finalem Arbeitsauftrag angewendet. Durch das Durchführen von verschiedenen Aufgaben in der Seminarstunde kann gesagt werden, dass nicht nur eine Unterrichtseinheit, sondern auch das Lernen an Stationen materiell als auch zeitlich sorgfältig geplant werden muss. Des Weiteren sollte der Anschluss an den weiteren Fachunterricht ebenfalls überlegt organisiert werden, da gewährleistet werden muss, dass die Schülerinnen und Schüler nach dem Durchführen der Stationen auf annähernd dem gleichen Stand sind. Dementsprechend wäre es empfehlenswert Pflichtstationen einzuführen, die als inhaltliche Grundlage dienen und von allen Schülerinnen und Schülern bearbeitet werden müssen. Zudem sollte auch unterschieden werden, welche Inhalte individuell und welche nur im klassischen Frontalunterricht erarbeitet und eingeübt werden können.

Aus der Gestaltung der Sitzung entnehme ich nicht nur die Bedeutsamkeit des Stationenlernens für den Chemieunterricht, sondern auch Verbesserungsvorschläge für weitere Seminarstunden und für mich als Lehrperson. Besonders in den Erarbeitungsphase sollte genügend Zeit eingeplant werden, da bezüglich der Vor- und Nachteile des Stationenlernens eine Diskussionsrunde entstand, die einen großen Teil der Zeit beansprucht hat. Dies ist jedoch wiederum von Vorteil, da dadurch Fragen geklärt aber auch Impulse zum Nachdenken vermittelt werden. Jedoch wichen die Diskussionsergebnisse am Ende zu weit von der ursprünglichen Aufgabe ab, sodass die Besprechung beendet werden musste. Hier hätte entsprechend ein Zeitpuffer integriert werden müssen, um einen Freiraum für spontan auftretende Diskussionen zu gewährleisten. Auch der finale Arbeitsauftrag konnte aufgrund des Zeitmangels nur verkürzt bearbeitet werden. So konnten die Studentinnen und Studenten bei der Erstellung eines eigenen Lernzirkels zu einem vorgegebenen Thema die Tablets zum Skizzieren nicht mehr nutzen. Das Ziel war jedoch, dass am Ende jede Gruppe ihre Ergebnisse am Smartboard präsentiert, um ihren Kommilitonen Musterbeispiele zu verschiedenen Unterrichtseinheiten anzubieten. Insgesamt kann das Zeitmanagement durch die Anwendung fest vorgegebener Bearbeitungszeiten, beispielsweise durch die Darstellung eines Countdowns, besser organisiert werden.

Des Weiteren ist ein theoretischer Input nicht zu vermeiden, jedoch sollte man des Öfteren in Form von Fragen das Plenum miteinbeziehen, da aufgrund der Zeitspanne die Aufmerksamkeit der Lernenden abnimmt. Trotz des hohen Redeanteils zu Beginn des Seminars folgten einige Arbeitsaufträge, die gezielt von den Studentinnen und Studenten bearbeitet wurden.

Ein weiterer Punkt ist die Optimierung der Reihenfolge. Der Arbeitsauftrag zu den Vor- und Nachteilen des Stationenlernens diente zur Aktivierung des Vorwissens. Es entstanden jedoch einige Fragen zu den methodischen Ansätzen, die erst zu einem späteren Zeitpunkt der Präsentation besprochen wurden. Dementsprechend wäre es empfehlenswert gewesen, den Inhalt der Aufgabe vorzuschalten, um mögliche Verwirrungen zu vermeiden. Jedoch hätte dies zur Folge, dass sich dadurch der theoretische Anteil verlängert hätte, weshalb die Studentinnen und Studenten wiederum in ein inaktiven Zuhörermodus zurückfallen würden.

Als besonders positiv empfand ich die Mitarbeit und das Interesse der Zuhörerinnen und Zuhörer. Bei dem Arbeitsaufträgen bemühten sie sich stets ein perfektes Ergebnis zu erzielen und legten somit ein hohe Lernbereitschaft an den Tag. Auch bei Verständnisproblemen bemühten Roman K. und ich uns stets den Studentinnen und Studenten Impulse zu geben, um ihnen weiterzuhelfen. Des Weiteren war die Zusammenarbeit mit meinem Vortragspartner sehr angenehm und vielfältig, da wir durch unterschiedliche Ideen insgesamt eine Seminarstunde gestaltet haben mit der wir sehr zufrieden sind.

6. Literaturverzeichnis

Eckert, Frank (2000). Es ist nicht alles Gold, was glänzt. Ein Lernzirkel "Metalle". *Naturwissenschaften im Unterricht. Chemie*, 58 (11), 27-38.

Graf, Erwin (2000). Stationenlernen – ein Beitrag zur Weiterentwicklung des Chemieunterrichts. *Naturwissenschaften im Unterricht. Chemie*, 58 (11), 6-9.

Höttecke, D., & Rieß, F. (2015). Naturwissenschaftliches Experimentieren im Lichte der jüngeren Wissenschaftsforschung – Auf der Suche nach einem authentischen Experimentbegriff der Fachdidaktik. *Zeitschrift Für Didaktik Der Naturwissenschaften*, 21(1), 127–139.

Lange, Dirk (2004). *Lernen an Stationen.* URL: http://friedemann-scriba.de/data/documents/Basics_Stationenlernen_Lange_PG-2007.pdf [08.08.19].

M7, Rollenkarten, *Schülerexperimente.* URL: http://chemie.uni-mainz.de/LA/pdf/M7-_6_Schuelerexperimente.pdf [10.08.19].

Salzgeber, Dieter (2003). *Lernen an Stationen.* URL: https://de.johannes-kapp.de/wp-content/uploads/2011/12/LernenanStationen.pdf [08.08.19].

Sárvári, Tünde (2012). *Clever lernen? – An die Stationen!* URL: http://www.goethe.de/lhr/pro/frd/heft_25/fd_25-2012_beitrag_savari.pdf [09.08.19].

7. Anhang

Zeit	Phase	Inhalt	Medien & Materialien	Sozialform
10 min	Einstiegsphase	Problemorientierter Einstieg; Überblick über den aktuellen Chemieunterricht; Theoretischer Input zum Thema „Stationenlernen" und Motivation/Interesse	Beamer	Lehrervortrag
15 min	Problematisierungsphase	Methodische Ansätze; Beispiel eines Lernzirkels; Schülerexperiment vs. Lehrerdemonstrationsexperiment; Organisation und Auswertung	Beamer	Lehrervortrag
20 min	Erarbeitungsphase	Pro- und Kontra des Stationenlernens; Reflexion der Arbeitsblätter hinsichtlich des theoretischen Inputs; Erstellen eines Lernzirkels mit dem Schwerpunkt Inklusion	Arbeitsblatt Tafel Beamer	Gruppenarbeit und Studierendenvortrag
15 min	Sicherungsphase	Vor- und Nachteile werden jeweils besprochen; Ergebnisse werden zusammengetragen; Aufzeigen verschiedener Möglichkeiten	Tafel	Unterrichtsgespräch